AF483001

RAPPORT

DE LA COMMISSION DE CHALLES

SUR LE SEMOIR HUGUES (1).

Les cultures sarclées et les assolemens alternes sont éminemment productifs de subsistances pour les hommes et pour les animaux; ils entraînent la suppression de la jachère et ils tendent à augmenter la main-d'œuvre agricole, mais dans un rapport moindre que les produits; ils réunissent donc de grands caractères d'utilité publique. Les économistes ont dit : Faites croître un pain et vous ferez naître un homme. Peut-être fallait-il dire faites croître un pain et augmentez la demande de main-d'œuvre et vous faites naître un homme : il résultera donc encore de l'introduction des cultures sarclées et des assolemens alternes un accroissement de population, mais d'une population active, forte et occupée et qui ne pourra jamais être à charge au pays, parce qu'elle n'arrive qu'après et avec l'accroissemement des subsistances et une plus forte demande de travail.

Mais sans l'adoption de la culture en lignes, les assolemens alternes et les récoltes sarclées coûtent trop de frais de main-d'œuvre, pendant qu'elle se trouve payée avec bénéfice, lorsque la culture en lignes permet l'emploi des machines et facilite le travail à la main qui en

---

(1) Cette commission est composée de MM. Varennes, Monnier, Dubost, Hudellet, Tiersot, Lateyssonnière et Puvis, rapporteur.

est le complément ; or, cette culture en lignes ne se fait d'une manière expéditive et correcte qu'avec le semoir, parce que cet instrument sème plusieurs lignes à la fois, aux distances que l'on veut, prépare le sol pour la semence, la répand, la recouvre à une même profondeur. En outre, le semoir épargne beaucoup la semence ; cette épargne en moyenne, de plus d'un tiers, devient tout de suite d'une grande importance lorsqu'elle s'applique à de grandes étendues ; en évaluant le produit moyen à cinq fois la semence, l'épargne d'un tiers, toute en produit net, représente un 15e du produit brut ou un 12e du produit total, semences prélevées, produit qui représente la masse à consommer ; si elle avait lieu sur tout le sol français elle fournirait de quoi nourrir un 12e de plus de population ; mais les binages des céréales que la semaille en ligne facilite et provoque, augmentent le produit dans certains sols et certaines années de plus d'une semence ; réduisons cette augmentation de moitié, nous aurons là encore un accroissement d'un 9e au moins du produit total, semences prélevées : en somme donc l'adoption du semoir tant en épargne de semences qu'en accroissement de produit, augmente de plus d'un 5e la masse des subsistances : résultat immense quand on l'applique à un pays entier.

D'ailleurs, on conçoit bien que cette épargne de semences peut avoir lieu sans inconvénient ; la semaille ordinaire est de 2 hectolitres par hectare, ou de 320 livres de 13 mille grains de blé chacune pour 10 mille mètres carrés, ou 416 grains par mètre, ou enfin 46 par pied carré : mais des observations rapportées par Thaër établissent que lors de la semaille il pointe à peine un tiers des grains semés, et qu'à la moisson il ne reste dans un champ suffisamment épais que 5 à 6 plantes par pied carré ou 5o par mètre ou moins du 8ᵉ de la quantité semée. On sème donc 8 fois plus de grains qu'il ne reste de plantes à la récolte; mais la plupart de ces grains ne réussissent pas, parce qu'ils sont enterrés trop ou trop peu profond, qu'ils ne germent pas, ou que les oiseaux, les insectes ou l'hiver les détruisent.

Un bon semoir pourrait donc faire une grande partie de cette économie, parce qu'il place tous les grains à même distance, les couvre également à la profondeur la plus convenable, en sorte que presque aucun ne doit manquer à la levée.

En admettant les lignes de semailles à 8 pouces de distance, en semant un quart de la semence ordinaire ou un demi hectolitre, soit 8o livres par hectare, chaque grain serait placé à un pouce et demi dans la ligne. Si l'on sème demi semence, il serait à 3/4 de pouces; à 2/3 de semences, quotité que nous avons admise, la distance des grains entr'eux serait de sept lignes, ce qui donnerait par pied carré six fois plus de grains encore qu'il ne faut de plantes; aussi Thaër et la plupart des auteurs conseillent-ils le plus souvent moitié semence; nous sommes donc restés au-dessous du vraisemblable en réduisant l'économie à un tiers.

Avec le semoir les lignes sont également distantes et les grains placés à peu près à distance égale dans la ligne, en sorte que le travail, pour cultiver le sol et les plantes et débarrasser les mauvaises herbes, est plus facile et plus tôt expédié et permet l'emploi des machines qui épargnent le temps et le travail.

Mais si l'utilité du semoir est grande pour la semaille et la culture des céréales d'hiver, elle l'est au moins autant pour la culture des récoltes sarclées.

Avec le haut prix de la main-d'œuvre, les cultures sarclées, dans les années d'abondance des produits agricoles, sont désormais sans produit net pour l'agriculture, si le cultivateur ne s'aide pas dans son travail à la main de celui des machines; or, la première condition du travail des machines sarcleuses, est la semaille en lignes, qui se fait avec le semoir plus expéditivement et plus correctement que par aucun autre procédé : avec l'aide du semoir, l'épargne de la semence est encore ici relativement plus considérable, parce que la distance entre les plantes doit être beaucoup plus grande; et, bien que cette économie ait sans doute une moindre importance que pour les céréales, elle serait cependant encore de plus de moitié pour les fèves, le maïs, les betteraves, etc.

Mais tous ces avantages du semoir exigent aussi des conditions préliminaires qu'on ne peut pas toujours réunir; il faut, pour que le semoir marche bien, que le sol soit meuble ou du moins bien ameubli, qu'il soit labouré à plat ou en planches; le labour en petits sillons lui oppose un obstacle invincible; son emploi dans les pentes un peu fortes présente aussi des difficultés, et il fonctionnerait mal lorsque la roche est trop près de la surface.

La culture en lignes et l'invention du semoir semblent remonter à une haute antiquité; en Chine, de temps immémorial, le riz est semé et recouvert avec le semoir; en Perse et dans l'Indostan, on trouve la culture en lignes faite avec des semoirs et les céréales mêmes cultivées par des bœufs et des chevaux. Dans le 17e siècle, un Espagnol, Joseph Locatelli, d'autres disent Lucatello, en fit de grands essais que le souverain encouragea de sa présence.

En Angleterre, on en attribue l'invention à Jethro Tull qui voulut employer la culture en lignes et le semoir comme moyens pour prouver et appuyer de faits une erreur en physiologie agricole : en voyant de toutes parts la végétation spontanée se succéder, se reproduire autour de lui, et enrichir même le sol sans engrais, il crut que le fait établi dans la végétation spontanée était encore vrai dans la végétation artificielle que l'homme produit; il pensa que les engrais n'étaient pas plus nécessaires dans l'un que dans l'autre cas, et que le travail du sol était la seule condition qu'il fût nécessaire d'ajouter aux conditions atmosphériques : pour faciliter le travail du sol il adopta la culture en lignes et inventa ou plutôt perfectionna le semoir, dont les dessins étaient déjà dans les mémoires de la Société Royale de Londres; l'erreur a été détruite par des faits, mais la culture et l'instrument sont restés dans l'agriculture anglaise et sont adoptés dans la plupart des exploitations où le travail se fait par les moyens de l'agriculture perfectionnée.

En France, dans le milieu du siècle dernier, deux hommes éminens, Duhamel et Châteauvieux, importèrent en France le système et les méthodes de Tull; Châteauvieux fit connaître le semoir dans les environs de Genève où étaient ses propriétés; un grand nombre de fermes, frappées de ses avantages, l'adoptèrent ; le système de Jethro Tull passa et fut oublié, parce que les faits ne le justifièrent pas; mais le semoir resta et la plupart des grandes exploitations du pays de Gex et des environs de Genève le conservent malgré son prix assez élevé; le semoir appartient au cheptel, le fermier l'emploie volontiers à cause de l'économie des semences qui est pour lui d'un tiers, et le propriétaire y attache du prix parce que son emploi est pour lui une garantie de l'ameublissement de son sol et par conséquent d'une bonne culture.

Le pays de Gex est peut-être le seul en France où le semoir appartienne à la culture générale. Dans les environs de Riom, Limagne d'Auvergne, les céréales sont semées en lignes distantes de 11 pouces sans le secours du semoir.

Dans le comtat d'Avignon, M. Gasparin jeune vient d'imaginer un rouleau traceur très-ingénieux ; il est composé alternativement de parties prismatiques en fonte et de parties en bois ; les parties en bois sont ou prismatiques et continuent la forme de celles en fonte pour les semailles à petite distance ; ou bien elles sont cylindriques et de largeur différente pour espacer à volonté les lignes tracées par les rondelles en fonte pour les semailles à distances plus grandes, telles que les betteraves, les pommes de terre, le maïs, etc.

On sème à la main dans les lignes pour les récoltes à grande distance ; et pour les céréales dont les lignes sont à 6 pouces, on sème à la volée, et par la forme donnée au sol toutes les graines se réunissent dans le fond des petits sillons ; un coup de herse transversal couvre dans les deux cas les semences qui se trouvent ainsi alignées à une même profondeur et aux distances qu'on a voulu leur donner.

Ce rouleau a sur le semoir l'avantage d'être peu cher, de ne point se déranger ; mais il ne sème ni ne recouvre la semence, et exige autant d'ameublissement dans le sol ; toutefois, ce rouleau, comme traceur dans les terres cultivées à plat, serait une très-utile acquisition, lorsque les circonstances ne permettraient pas celle du semoir.

Depuis un siècle et demi qu'on emploie le semoir, cet instrument a éprouvé bien des modifications, bien des perfectionnemens. En Angleterre, Ducket et Coke y ont attaché leurs noms; sur le continent, Thaër, Fellemberg et Dombasle l'ont beaucoup amélioré. On a imaginé le semoir à bras pour les petites exploitations et le semis des graines fines. Plusieurs dépôts offrent à Paris les semoirs Barrau qui sont peu chers, mais ne remplissent qu'en partie les principales conditions qu'on demande aux semoirs. Ils sèment, mais il ne tracent pas les lignes ni ne recouvrent la semence.

Le semoir ordinaire, lorsqu'il remplit toutes les conditions essentielles, est encore resté cher, compliqué, sujet à des réparations et à des dérangemens : ces grands inconvéniens seraient presque tout-à-fait écartés dans un instrument qui vient d'être mis en expérience dans toute l'étendue de la France : M. Hugues, agronome actif et intelligent, a entrepris d'améliorer la culture d'une ferme dans les landes de Bordeaux : son entreprise a obtenu de grands succès; il y a introduit toutes les machines et les procédés de l'agriculture perfectionnée, en les modifiant plus ou moins, suivant sa position et ses besoins.

Parmi toutes ces machines, son semoir a paru aux agriculteurs qui l'ont vu fonctionner, devoir obtenir une haute préférence sur tous ceux connus jusqu'à ce jour; mais il serait resté inconnu, il eût été borné peut-être à un seul point de la France; mais son propriétaire, animé d'un zèle ardent de prosélytisme, a parcouru la France dans ses différens climats, ses différens sols, pour y faire, l'automne dernier, avec son instrument, des essais de semaille de céréales; il a parcouru ainsi 1,200 lieues et fait l'essai de son instrument dans une multitude de lieux et de sols différens. Au retour du printemps, il a recommencé sa tournée en l'agrandissant encore pour visiter son travail de l'automne et faire des semailles de céréales de printemps et des diverses sortes de plantes sarclées. D'autres viennent avec de pompeux prospectus vanter leurs machines sans donner de garanties; ici, on vient au milieu de nous faire avec nous et avec toutes nos circonstances de sol et de climat des essais, dans lesquels on met à notre disposition l'instrument et son mécanisme; cette manière de faire où on vient nous soumettre tous les moyens de juger avec connaissance de cause, mérite donc toute notre reconnaissance: cependant, appelés comme juges, nous devons, avant tout, être justes: en rendant compte de ce que nous avons vu à ceux qui n'ont pu être témoins comme nous; nous leur devons et leur donnerons notre pensée entière et consciencieuse.

Nous ne ferons pas la description de l'instrument, chose difficile et sans but, parce qu'elle ne pourrait représenter l'instrument à ceux qui ne le connaissent pas, et qu'elle n'apprendrait rien à ceux qui le connaissent; nous nous bornerons à préciser ses effets et indiquer quelques-uns des moyens employés pour arriver à les produire.

On peut semer avec le semoir Hugues les graines de différentes grosseurs dans des lignes distantes entr'elles de 8 pouces. On les fait arriver, dans la ligne, épaisses ou claires à volonté, au moyen de mécanismes simples, faciles à mettre en jeu et peu susceptibles de dérangement.

On peut semer 7 lignes à la fois, en sorte que l'instrument sème une largeur de 56 ou plutôt de 64 pouces, à cause de la distance de 8 pouces qui doit séparer la dernière ligne du premier passage de l'instrument, de la première ligne du second.

On peut placer les lignes des grains qu'on sème à tous les multiples de 8 pouces que l'on désire : à 8, à 16, à 24, à 32, 40, 48, 56 pouces, suivant la nature des récoltes et l'exigence des cultures.

La semaille dans chaque ligne s'opère et se complète au moyen de 3 petits instrumens qui agissent à la suite les uns des autres : un petit coutre ouvre la ligne, un second coutre plus large l'ouvre davantage ; ce coutre est creux et il est traversé par le grain qui tombe dans la ligne ; enfin, une petite herse en étrier rabat la terre meuble sur le grain semé, et l'opération est terminée avec une grande précision. Le grain se trouve tout à une même profondeur et à une même distance, et il est recouvert de terre meuble ; il n'y a point de grains perdus et ils sont tous placés dans la meilleure position pour germer, croître et produire.

Un mécanisme ingénieux empêche l'engorgement des graines et leur écrasement ; des pièces métalliques à ressort cèdent dans le mouvement à toute accumulation fortuite de grains.

L'instrument traîné par un cheval marche sur 3 roues, dont une plus grande, placée en avant, imprime le mouvement au moyen de roues d'engrenage aux cylindres destinés à distribuer la semence.

Ces cylindres sont en métal ; leur surface extérieure est criblée de rangs parallèles de loges proportionnées à la grosseur des graines que l'on veut semer.

On peut, en ouvrant au grain placé dans la trémie

autant de rangs, de loges que l'on veut, semer plus ou moins épais.

Toutes ces conditions remplies composent un instrument qui paraît solide dans tous ses points, et qui semble aussi devoir être d'une grande durée : les brosses des anciens semoirs sont supprimées ; le fer et le cuivre y sont placés partout où il fallait de la résistance et de la précision.

Cet instrument, pour pouvoir fonctionner convenablement, doit trouver un sol meuble et bien préparé ; il ne peut travailler sur les terres labourées en petits sillons : il ne pourrait donc s'employer dans toute la partie de notre plateau où on se croit obligé à cette forme de labours ; toutefois, nous aurions tout à gagner à voir changer tous nos petits sillons en planches, puisque les planches bombées égoutent plus sûrement le sol que les petits sillons ; qu'elles perdent moins de terrain, parce qu'une seule raie en supplée 3 ou 4, et qu'enfin elles craignent à la fois moins la sécheresse et l'humidité.

La nature argileuse de notre sol opposerait, certaines années, de plus grands obstacles que notre forme de labour qui peut se modifier : dans les années pluvieuses, il serait fort difficile d'amener notre sol au point d'ameublissement nécessaire à la marche régulière du semoir, et par conséquent on ne pourrait l'employer que sur les parties de l'exploitation, d'une nature moins rebelle, ou qui auraient moins craint l'influence de la pluie.

Dans un sol un peu ferme il faut un fort cheval pour conduire l'instrument, surtout quand il doit semer dans toutes ses lignes et que ses 14 coutres et ses 7 herses doivent fonctionner ; mais une paire de bœufs le conduirait toujours facilement, et pour un instrument de cette nature, la marche des bœufs est préférable à celle des chevaux.

Le 9 avril dernier, M. Hugues est arrivé exact à l'heure et au rendez-vous donné par lui depuis un mois; nous l'avons conduit dans notre petite ferme expérimentale où le terrain était préparé pour ses travaux. Pour faire connaître son instrument, M. Hugues en a d'abord fait examiner, sans réserve, toutes les parties en indiquant leurs fonctions diverses; il l'a ensuite fait fonctionner sur un terrain uni avec de l'orge et du froment pour faire juger de l'égale répartition de la semence; il a conduit lui-même son instrument attelé d'un cheval, et a semé un premier lot en orge à 8 pouces de distance, en employant 2/3 de la semence ordinaire; à côté, une pareille étendue a été semée à la volée, avec un tiers de semence de plus.

Dans la petite pièce suivante, il a semé les betteraves jaunes, blanches de Silésie et champêtres en rangs séparés, éloignés de 16 pouces, pour en faire la culture comparée.

Il a semé ensuite un dernier lot en maïs ordinaire, à la distance de 32 pouces; le sol était assez bien préparé, malgré les pluies opiniâtres de mars et des premiers jours d'avril : nous n'étions pas sur le plateau argilo-siliceux de terres blanches si difficiles à ameublir; la nature graveleuse du sol, son ameublissement obtenu par les amendemens calcaires, ont facilité le travail, malgré la saison contraire. Aussi l'instrument a bien marché ; seulement dans la semaille de l'orge le cheval avait de la peine, et a mieux travaillé lorsqu'on lui a eu donné un compagnon.

En tout, le travail s'est fait avec une grande régularité;

les semences sont réparties à même distance et placées à même profondeur, et recouvertes d'une égale couche de terre meuble.

L'arrivée et les expériences de M. Hugues avaient été annoncées dans les journaux ; en sorte que l'assemblée des curieux s'est trouvée nombreuse ; elle se composait de personnes des diverses positions sociales ; il s'y est rencontré beaucoup d'agriculteurs qui ont vu avec étonnement et avec plaisir la marche et le travail correct de cet instrument.

L'orge est très-bien sortie ; mais la sécheresse a empêché tout tallement ; en sorte que l'orge n'occupait exactement que la ligne semée et n'a pas semblé profiter des 8 pouces d'intervalle ; aussi a-t-on recueilli moins de paille et de grains, mais cependant autant de grains que dans l'orge semée à la volée. La sécheresse peut donc ôter à la semaille en lignes des céréales de printemps sa supériorité de produit sur la semaille à la volée. Dans le midi de la France et même dans nos pays où les sécheresses du mois de mai sont assez fréquentes, les avantages des semailles en lignes, pour les céréales de printemps, sont donc moins certains que dans le nord. Cette remarque est loin d'infirmer ce que nous avons dit pour les céréales d'hiver ; dix années d'expériences dans la Ferme expérimentale nous font admettre, avec la plupart des agronomes connus, un fait agricole tout-à-fait établi que la semaille en lignes des céréales d'hiver est plus productive que la semaille à la volée.

Les betteraves, malgré que de fortes pluies aient tassé la terre, sont bien levées. Le maïs est bien sorti ; mais comme on l'a semé dans de la terre refroidie par les plaies, il est moins beau que celui semé plus tard dans la terre moins humide et réchauffée par un soleil vif de printemps.

L'un des résultats les plus immédiats et le plus important peut-être de l'emploi du semoir, est l'alignement des récoltes et leur sarclage rendu facile avec les instrumens perfectionnés. Pour aider à ce travail important, et comme complément de son semoir, M. Hugues a imaginé un petit sarcloir à bras très-ingénieux, qui diminue au moins de moitié la main-d'œuvre du sarclage à la main : cet instrument remarquable est une double houe portée sur deux roues et conduite comme une charrue avec deux manches : ces deux manches servent à faire marcher l'instrument en avant de celui qui le conduit et sous sa main s'accomplit un bon travail de sarclage.

Ce travail s'exécute de chaque côté de la ligne ensemencée, par un coutre qui ouvre le sol, suivi d'un petit soc en forme de soulier, qui l'ameublit et coupe les racines des mauvaises herbes : l'ouvrage se fait sans difficulté et semble avancer plus que ne le feraient deux personnes armées de houes ; il demande, il est vrai, encore à être complété dans la ligne par l'arrachement des mauvaises herbes : cet instrument s'appliquerait très-utilement à toutes les cultures jardinières ; il donne plus de culture au sol que la petite houe ; il est particulièrement destiné à la culture des céréales d'hiver et de printemps ; mais il précèderait ou complèterait avec grand profit le travail de la houe à cheval, dans toutes les cultures sarclées faites dans leur jeunesse, comme les betteraves, les carottes, les colzas, les navets qu'on peut craindre de maltraiter ou de couvrir de terre en approchant de trop près la houe à cheval ordinaire.

En résumé, il nous semble un très-utile accessoire du semoir et sert à compléter son utilité.

Les deux instrumens de M. Hugues sont fabriqués avec le plus grand soin ; ils ne peuvent s'établir à un prix raisonnable que dans des ateliers spéciaux où on en fabriquerait beaucoup : M. Hugues a donc établi un atelier pour cet objet, et paraît disposé à en fixer le prix au-dessous de 400 fr ; il a déjà un grand nombre de souscripteurs. Ce prix, très-cher sans doute pour le simple cultivateur, est cependant, nous n'en doutons pas, au-dessous de ce que coûteraient les deux instrumens fabriqués par d'habiles ouvriers qui n'en auraient à exécuter qu'un petit nombre.

L'adoption de ces deux instrumens dans les sols où ils peuvent convenir donnerait une grande et heureuse impulsion à la culture en lignes, aux cultures sarclées et aux assolemens alternes : et ces innovations sont, en agriculture, les moyens producteurs les plus énergiques de travail et de nourriture pour les hommes, de fourrage pour les animaux, d'engrais pour le sol, d'accroissement d'industrie et de population forte et laborieuse.

Nous livrons avec confiance les considérations qui précèdent à nos concitoyens ; elles ne nous ont pas été inspirées par l'enthousiasme, ni par le désir assez naturel de favoriser un homme dévoué : nous avons laissé passer à dessein le premier effet que pouvait avoir produit sur nous la vue du mécanisme ingénieux de M. Hugues, la netteté et la correction de son travail ; nous avons ensuite cherché à comparer sa machine avec celle de ses devanciers ; mais plus nous avons étudié la question, plus nous nous sommes convaincus que le semoir Hugues était sans comparaison le mieux construit, le plus solide

et le plus ingénieux de tous ceux qui l'ont précédé , et
que sous ce rapport, M. Hugues a rendu un très-grand
service à l'agriculture perfectionnée de son pays.

BOURG, Imprimerie de BOTTIER. — 1855.